Bibliografische Information der Deutschen Bibliothek

Die Deutsche Bibliothek verzeichnet diese Publikation
in der Deutschen Nationalbibliografie;
detaillierte bibliografische Daten sind im
Internet über http://dnb.ddb.de abrufbar.

1. Auflage 2003

Illustration: Dorothea Ackroyd
Text: Katrin Grothusen
Redaktion: Karin Amann
Produktion: Detlev Neuss, Katja Walter
ISBN 3-7607-1386-6

www.arsedition.de

Wir wollen auch zur Feuerwehr

Erzählt von Katrin Grothusen
mit Bildern von Dorothea Ackroyd

arsEdition

„Mama, wir kommen hier schon klar!“, ruft Maiki Wolf.
„Wir passen auf uns auf“, meint Leon Hund.
„Wir machen alles selber“, sagt Mascha Katze.
„Ich geh nur, wenn Papa euch nicht alleine lässt“, meint Mama Wolf.
„Nun geh du mal“, sagt Papa Wolf, „und hilf deiner Schwester.“
Mama Wolfs Schwester ist krank geworden und hat niemanden, der sich um ihre Kinder kümmert.
„Aber was sollen denn Leons und Maschas Eltern sagen, wenn ich das ganze Wochenende nicht da bin“, murmelt Mama Wolf.
„Ich pass doch auf“, sagt Papa Wolf.
„Du lässt die Kinder nicht aus den Augen!“, nickt Mama Wolf und geht.

„So“, sagt Papa Wolf, „wir machen uns jetzt Brote und ihr kommt einfach mit mir mit auf die Wache. Ich hab ja heute Dienst.“
„Au ja!“, kreischen die Kinder. Papa Wolf ist nämlich Feuerwehrmann.

In seinem Auto fahren sie zur Wache.

Dort sitzt schon Papa Wolfs Kollege Richard.
„War was los?“, fragt Papa Wolf.
„Nichts!“, sagt Richard.
„Kinder, machts euch mal gemütlich“, meint Papa Wolf.
Er und Richard spielen Karten.
KRRRRRING!, schrillt plötzlich das Telefon.

„Wir müssen los!", sagt Papa Wolf. Er und Richard sausen an der Rutschstange hinunter in die Fahrzeughalle.
„Wo bleibt ihr denn?", schimpft Papa Wolf. Er hat sich schon seine Jacke angezogen, seinen Helm aufgesetzt und den Gurt umgeschnallt.
Maiki und Mascha sind schon unten, aber Leon krallt sich an der Rutschstange fest und rutscht nur ganz langsam quietschend herunter.
„Ich hab ein bisschen Angst", murmelt er.
„Jetzt aber schnell!", ruft Richard und alle springen in das Feuerwehrauto.

„Ich muss Pipi“, sagt Maiki Wolf in diesem Augenblick.
„Das geht jetzt nicht!“, sagt sein Vater und macht das Blaulicht an.
TATÜ-TATA!, macht die Feuerwehr. Alle Fahrzeuge auf der Straße machen ihr Platz.

Das Gehölz einer Waldlichtung, auf der gegrillt wurde, hat Feuer gefangen, und schnell wird der Schlauch ausgerollt.
„Wasser marsch!“, ruft Papa Wolf.
Diesmal ist das Feuer nicht sehr groß.

„Ich will auch mal!“,
sagt Mascha und kämpft
mit Leon um den Schlauch.
Dabei wird sie leider ganz
schön nass. Das Feuer ist aus.
„Was ist mit deinem Pipi?“,
fragt Papa Wolf.
„Damit hab ich auch Feuer gelöscht“,
sagt Maiki.
Leon und Mascha grinsen.

Kaum sind sie wieder auf der Wache, KRRRRING!, klingelt es schon wieder. Ein Haus brennt! Diesmal kann Leon die Stange schon etwas schneller runterrutschen. Aus dem ersten Stock des brennenden Hauses kommt schwarzer Rauch. „Da oben ist noch jemand!“, ruft eine Bärenfamilie, die auf der Straße steht. „Ihr bleibt jetzt ganz weit weg und rührt euch nicht von der Stelle!“, befiehlt Papa Wolf den Kindern.

Der Schlauch wird angeschlossen und die Leiter ausgefahren. „Wasser marsch!“, ruft Papa Wolf. Er hält jetzt den Schlauch und Richard Wolf klettert mit einer Atemmaske über der Schnauze die Leiter hinauf. „Oh-oh, da oben drinnen brennt es ja richtig“, jammert Leon, „und da ist noch jemand drin!“ Er hält sich die Augen zu. „Ich kann nicht hinschauen.“

„Richard ist schon ganz nah an dem Fenster“, beruhigt Mascha. „Oh-oh!“, stöhnt Leon und hält sich die Augen weiter zu. „Jetzt hebt Richard jemanden auf seine Schulter“, erzählt Maiki, „einen alten Bären! Der ist sicher schwer.“ „Oh-oh, ich will nichts sehen“, seufzt Leon weiter. „Der Bär ist gerettet“, beruhigt Mascha wieder, „er hustet wegen des Qualms, den er eingeatmet hat. Aber er geht selber zu dem Krankenwagen, der inzwischen gekommen ist.“

Da macht Leon die Augen auf. Das Haus sieht schrecklich aus, aber alle Tiere sind gerettet. Manche haben Decken um, weil sie vom Löschwasser nass geworden sind.

Auf der Rückfahrt bekommt Maiki zufällig das Megafon in die Hand und spricht aus Versehen hinein: „Papa, ich hab Hunger!“, dröhnt es durch die Stadt.

Auf der Wache stürzen sie sich auf die Brote, aber kaum haben sie abgebissen, KRRRRING! klingelt das Telefon schon wieder.
„Was ist denn das für ein Tag!“, schimpft Richard.
„Ich will erst essen!“, quengelt Mascha.
„Das geht nicht“, sagt Papa Wolf, „Notfall ist Notfall!“
Diesmal kann Leon die Stange schon genauso schnell runterrutschen wie die anderen.

Schnell sind sie am Unfallort. Ein kleines Schweinekind ist ganz tief in ein Erdloch gefallen. Aber das Loch ist so klein, dass die Leiter nicht hineinpasst. Papa und Richard Wolf könnten sich an einem Seil hinunterlassen, aber sie passen auch nicht durch das Loch.

„Das Ferkel ist so klein, dass es sich noch nicht an dem Seil festhalten kann. Was machen wir?", fragt Papa Wolf ratlos. „Wenn wir das Loch größer machen, fällt vielleicht zu viel Erde auf das Kind."

Leon horcht an dem Loch.
Er hört das Ferkelchen ganz tief unten
leise weinen.

„Ich komme durch das Loch! Ich klettere an dem Seil hinunter und bringe das Kind hoch", sagt er entschlos
„Aber du bist doch so schwindelig!", rufen Maiki und Mascha gleichzeitig. Leon schluckt. „Im Dunkeln sehe ich ja nicht, wie tief es ist", sagt er.

Richard schnallt ihm einen Sicherheitsgurt um und Leon packt das Seil. Richard hält das Seil des Sicherheitsgurts und die anderen halten das Kletterseil

Nach einer Weile ziehen sie Leon hoch.
Ganz verstrubbelt und voll Erde
kommt er oben an. Und hat das kleine
Schweinchen in einem Arm!
Alle sind glücklich! Und auf der
Rückfahrt darf Leon vorne sitzen und
kurz das Tütata anmachen.

In dieser Nacht sind Maiki, Mascha und Leon so müde, dass sie kaum mehr im Bett herumalbern. Sie schlafen ganz schnell ein.
Und am nächsten Morgen? Passiert schon wieder was.
Der Fluss ist an einer Stelle über das Ufer getreten und hat ein kleines Tal überschwemmt.

Kann es sein, dass Leon diesmal sogar schneller die Rutschstange runtersaust als die anderen?
„Heute will ich aber vorne sitzen", sagt Maiki.
„Dann mach ich aber das Tütata an!", ruft Mascha.
„Nein, das macht immer der, der vorne sitzt!", zetert Maiki.
„Seid ihr mal eben wahnsinnig geworden?", donnert Papa Wolf. „Tiere, die in Not sind, warten auf uns! Und ihr streitet euch hier wegen gar nichts!"

Kurz vor dem überschwemmten Tal hält Papa Wolf auf einem Hügel an. „Kinder, ihr bleibt jetzt hier, bis ich euch wieder abhole“, sagt er, während er sich Gummistiefel anzieht. „Schaut, da unten sitzen Tiere auf ihrem Hausdach, weil das Wasser schon bis zum ersten Stock gestiegen ist.“ „Oh-oh“, jammert Leon wieder, „ich mag nicht da unten hinschauen.“

„Alles ist in Ordnung", sagt Maiki, „ich sehe, wie mein Papa
und Richard die Tiere mit einer Strickleiter runter in ein
Schlauchboot holen und sie dahin fahren,
wo kein Wasser mehr ist."
Da macht Leon die Augen wieder auf.
„Alle werden gerettet", sagt er.
„Na klar", meint Mascha.

Noch einmal klingelt heute das Telefon. Ein kleiner Waschbärjunge ist auf einen Baum geklettert und traut sich nicht mehr runter. „Auch für so etwas ist die Feuerwehr da!“, sagt Papa Wolf. Sie fahren los und hoch oben auf dem hohen Baum sehen sie das Waschbärkind ängstlich herunterschauen. „Wir fahren jetzt die Leiter aus!“, bestimmt Papa Wolf.

„Nein!“, sagt Mascha. „Ich klettere hoch und zeige dem kleinen Waschbären, wie es runtergeht, von Ast zu Ast.“
Mühelos klettert Mascha
den Baum hoch.

Aber sie kommt nicht wieder runter. Der kleine Waschbär auch nicht. Beide schauen ängstlich nach unten.
„Warum kommt ihr nicht?“, ruft Papa Wolf nach oben.
„Ich – ich kann nicht!“, ruft Mascha zurück. „Es ist wirklich furchtbar hoch hier! Ich – ich trau mich nicht.“
Also wird die Leiter doch ausgefahren. Papa Wolf klettert hoch und bringt erst den Waschbären und dann Mascha wieder nach unten. Mascha schaut verlegen aus.

Papa Wolf sieht Maiki und Leon ganz genau an: „Bevor hier jemand zu kichern anfängt", sagt er, „ich finde es ganz in Ordnung, dass Mascha oben geblieben ist. Wenn man sich nicht sicher fühlt, soll man nicht zu viel wagen."
„Und jetzt darf Mascha nach vorne", sagt Richard Wolf.
„Nur, wenn Maiki zusammen mit mir vorne sitzt", sagt Mascha, „und wir beide mal das Tütata anmachen dürfen."

Abends kommt Mama Wolf nach Hause.
„Na, war was?“, fragt sie die Kinder.
„Nö, eigentlich nichts“, sagt Maiki und zwinkert den anderen zu.
„Nö, gar nichts“, murmelt Leon.
„Es war überhaupt nichts los“, meint Mascha.
Mama Wolf schaut ihren Mann an:
„Was schmunzelst du denn so?“, lächelt sie.